图 解 家 装 细 部 设 计 系 列

Diagram to domestic outfit detail design

玄关隔断666例

Partition

主 编：董 君 / 副主编：贾 刚 王 琰 卢海华

中国林业出版社

目录 / Contents

CHINESE

中式典雅

对称\简约\朴素\大气\庄重\雅致\恢弘\壮丽\华贵\高大\对比\清雅\含
蓄\端庄\对称\简约\朴素\大气\对称\简约\朴素\大气\庄重\雅致\恢
弘\壮丽\华贵\高大\对比\清雅\含蓄\端庄\对称\简约\朴素\大气\端
庄对称\简约\朴素\大气\庄重\雅致\恢弘\壮丽\华贵\高大\对比\清雅\含
蓄\端庄\对称\简约\朴素\大气\对称\简约\朴素\大气\庄重\雅致\恢
弘\壮丽\华贵\高大\对比\清雅\含蓄\端庄\对称\简约\朴素\大气\对
称\简约\朴素\大气\庄重\雅致\恢弘\壮丽\华贵\高大\对比\清雅\含
蓄\端庄\对称\简约\朴素\大气\对称\简约\朴素\大气\庄重\雅致\恢
弘\壮丽\华贵\高大\对比\清雅\含蓄\端庄\对称\简约\朴素\大气\端
庄对称\简约\朴素\大气\庄重\雅致\恢弘\壮丽\华贵\高大\对比\清
雅\含蓄\端庄\对称\简约\朴素\大气\对称\简约\朴素\大气\庄重\雅
致\恢弘\壮丽\华贵\高大\对比\清雅\含蓄\端庄\对称\简约\朴素\大
气\对称\简约\朴素\大气\庄重\雅致\恢弘\壮丽\华贵\高大\对比\清
雅\含蓄\端庄\对称\简约\朴素\大气\对称\简约\朴素\大气\庄重\雅
致\恢弘\壮丽\华贵\高大\对比\清雅\含蓄\端庄\对称\简约\朴素\大
气\端庄对称\简约\朴素\大气\庄重\雅致\恢弘\壮丽\华贵\高大\对
比\清雅\含蓄\端庄\对称\简约\朴素\大气\对称\简约\朴素\大气\庄
重\雅致\恢弘\壮丽\华贵\高大\对比\清雅\含蓄\端庄\对称\简约\朴
素\大气\对称\简约\朴素\大气\庄重\雅致\恢弘\壮丽\华贵\高大\对
比\清雅\含蓄\端庄\对称\简约\朴素\大气\对称\简约\朴素\大气\庄
重\雅致\恢弘\壮丽\华贵\高大\对比\清雅\含蓄\端庄\对称\简约\朴
素\大气\端庄对称\简约\朴素\大气\庄重\雅致\恢弘\壮丽\华贵\高
大\对比\清雅\含蓄\端庄\对称\简约\朴素\大气\对称\简约\朴素\大
气\庄重\雅致\恢弘\壮丽\华贵\高大\对比\清雅\含蓄\端庄\对称\简
约\朴素\大气\恢弘\壮丽\华贵\高大\对比\清雅\含蓄\端庄\对称\约
\朴素\大气\恢弘\壮丽\华贵\高大\对比\清雅\含蓄\端庄\对称\庄重\

CHINESE
中式典雅

雕花、隔扇、镂空是传统的中式风格的装饰物，白色或米黄色的墙面是中式装修墙面的主要色调，怀旧与情调的搭配、天然与淳朴是中式背景墙的魅力所在，让人在繁华与喧闹中找到心灵的安静。

不加粉饰的原木背景墙使玄关处充满天然原野的气息。

白色雕花旋转板气质优雅而质感细腻。

内嵌荷花美景的中式格栅尽显儒雅与娟秀的中国风。

中式高脚柜中隐约可见的茶具更添自然清雅的气质。

一簇白色腊梅于满满的中国风韵中添入坚韧清高的气质。

顺次凸起的竖条使长白走廊不显单调无味。

一面黑色柜子不仅起到分区作用还具备收纳功能。

中式隔断使用餐环境通透明亮又不失雅致。

垂坠的腰佩于禅意空间中展现中式精致之美。

环绕于深色中国风中明亮清秀的水墨画使人心驰神往。

传统书法与石雕人将悠久深厚的文化底蕴注入简练工业风。

45 度转角中式格栅于传统中赋予变化之妙。

大理石缥缈的纹理使通往正厅的路好似在云端。

铁艺骏马艺术品既有自然狂野又蕴含不羁个性。

耀眼的金色工艺品搭沉静的中式隔断相得益彰。

中式骏马展示柜凸显传统魅力与文化自信。

黑色中式隔栅与大理石拼接使现代与传统完美统一。

自然雅致的玻璃隔断开阔了居室间的视野。

宽大的中式格栅搭配半透明遮挡颇有朦胧诗意。

迥异的中式隔断于不变的韵味中产生变化的气质。

以四扇规整的中式隔栅打造端庄静谧的平行空间。

带有陈旧感的中式格栅使古老气息悄悄飘散开来。

简约中式桌椅及摆架将玄关处打造成小巧书房。

夸张的铁艺中式座椅也是玄关处一大亮点。

厚实的中式格栅稳当大气又细致入微。

几面宽厚的展示柜使宽敞空间充满艺术品味。

长沙发与木茶几将玄关打造为闲适的休息区。

中式拱门格栅透着古色古香的天然秀气。

彩色反光大花地面使人眼前一亮而精神焕发。

楼梯间的中式柜子与一株盆栽相搭自然而宁静。

远处的大幅荷花图所散发出的清新雅致充满客厅。

中式隔断搭方灯传递出浓浓的静谧美好的感觉。

前厅的劲松自隔断圆孔中呈现出傲然又平和的气质。

圆孔石膏隔断巧妙地利用方圆打造画中景的意境。

富有色彩空间里的旧物件突出了房间的怀旧情结。

中式多边隔窗以经典的中国风装饰单调的玄关。

红色的中式斗柜高调地展现出中国风韵。

充满艺术气息的中式展柜是最有文化底蕴的隔断。

中式玄关处时尚的摆件色彩低调而与周围和谐。

黑白地砖对比将行走区明白通顺的划分出来。

优美时尚的工艺品带给玄关高雅傲娇的气质。

白色团团花簇与张扬的枝条反向搭配为背景增添生机活力。

中式拱门上凌乱的几何图形于传统中注入时尚活力。

透明的牡丹刺绣图明丽逼真而不落艳俗。

对立的略显粗糙的动物石雕彰显出远古时代的智慧。

简约自然的玻璃门与室内和谐温馨的氛围相融。

中式格栅以整齐划一的模样带给人简约自然地印象。

多样式中式格栅拼接出丰富多姿的中国风韵。

异域风情的木雕与中式玄关处大放异彩。

极简的中式搭配却散发浓厚的禅学底蕴。

精美根雕更显中式玄关的古风古韵。

现代雅致的洗手池可使玄关不再徒有其表。

洁白的艺术品在黑色背景下更显经典与精致。

原木色中式格栅使光线温暖和睦。

欧式矮柜与中式平台相对呼应出古典奢华的玄关。

一对造型各异的大理石为端正的中式玄关添入活泼性格。

精致瓷瓶满载着灵动的艺术感装饰了宁静的中式玄关。

一面圆孔石膏墙平添几分神秘感于安静的书房。

中式挂画与摆件以略微夸张的手法将传统与时尚融合。

考究的花瓶插满葱郁的枝条给人扑面而来的清新畅然。

玄关处悬垂而下的两盏方灯使静谧美好的意境更浓。

瓷器温润柔和的光泽使玄关也成为了驻足之地。

纯白花瓶与绿植盆栽为中式玄关增添淡雅与生机。

镜面设计使窄窄的走廊实现视线开阔与空间延展。

自然简单的中式格栅于旋转中打开了空间阻隔。

白色格栅以米字为单元呈现出简约俏皮的气质。

米黄色半透明隔断有一种朦胧的浪漫感。

中式棋桌与洁白枕垫搭配出饶有趣味且舒适异常的玄关。

中式八角门将内里精巧的布置描出了一副岁月静好图。

中式隔断略显旧的木色带来了传统文化的悠久感。

米白色的中式格栅搭上蓝色橘色物件更显轻盈活泼。

中式格栅使茶空间具有一定的独立性而更显闲逸。

黑色柜面上扬的边定下了中式沉稳庄重的基调。

浅黑色玻璃与金属材质搭配出都市魅惑气质。

一张中式小桌使玄关于现代时尚的整体中独具传统韵味。

白空间中经典的中式格栅带来和谐安宁的底蕴。

旋转门让空间灵活起来。

多用隔断，即分割空间又实现存储。

通透的隔断让空间变得更大。

玄关处的处理实现了功能的充分利用。

混搭的玄关体现出东西方经典与现代的碰撞。

明黄色花鸟图与绿植虚实呼应清新又雅致。

漆黑的柜面上金色与红色绘出精美绝伦的宫廷仕女图。

一段不事雕琢的木头于中式玄关中更显自然拙朴。

螺旋而上的木雕搭中式格栅呈现出自然勃勃生机。

精雕细琢的中式折叠屏风为室内带来一片祥和宁静。

橘色玻璃隔断映照着远处的光线更加朦胧温馨。

隔断上彩绘的抽象花朵绽放出一室的缤纷甜美。

黑白相间的展示柜不仅外观时尚而且兼有分区收纳功能。

黑色方格架于方正中充满变幻的时尚魅力。

墙壁上椭圆形的空区使阳光与空气透入昏暗的空间。

半透明隔断上竹影绰约带来幽静怡人的林中景致。

时尚活泼的桃红色使中规中矩的柜子不那么沉闷。

黄绿色中式隔断于朴素的经典中混入鲜活生气。

高饱和度色彩绘出明丽逼真又细致入微的古代生活图。

大理石包裹下的中式玄关多了些靓丽清爽的现代气息。

时尚材质组合出的中式桌凳透着老成又年轻的气息。

带着镂空花样的纯白双开门充满现代简约的气质。

橘红色的窗帘自顶而下有一种贯通的富贵气势。

简明的家具与青色墙砖形成细腻对比。

中式小柜、佛祖与装饰盘于垂直线上搭出无尽的禅意。

自然又时尚的类圆形艺术品使中式玄关与众不同。

一幅山水国画彰显和谐宁静的中国风韵。

一对太师椅彰显出深厚的文化底蕴。

经典黑白搭使中式自然而禅意的玄关平添几分时尚。

深浅木色文化砖墙为玄关定下真实自然的基调。

顶角锐利的工艺品于圆形玄关中散发冲云破雾的气势。

中式挂件上的祥龙与地面上富贵的大花相呼应。

深灰石板错落有致于白色石子路上更显悠哉闲适。

抽象挂画为简约空间添入一抹亮丽的艺术风景。

拼接石砖隔墙与木栏栅形成冷暖呼应的淳朴组合。

相似的展示柜并排而立有一种齐整的美感。

EUROPEAN
欧式奢华

流动 \ 华丽 \ 浪漫 \ 精美 \ 豪华 \ 富丽 \ 动感 \ 轻快 \ 曲线 \ 典雅 \ 亲切 \ 流
动 \ 华丽 \ 浪漫 \ 精美 \ 豪华 \ 富丽 \ 动感 \ 轻快 \ 曲线 \ 典雅 \ 亲切 \ 清秀 \ 柔
美 \ 精湛 \ 雕刻 \ 装饰 \ 镶嵌 \ 优雅 \ 品质 \ 圆润 \ 高贵 \ 温馨 \ 流动 \ 华丽
\ 浪漫 \ 精美 \ 豪华 \ 富丽 \ 动感 \ 轻快 \ 曲线 \ 典雅 \ 亲切 \ 流动 \ 华丽 \ 浪
漫 \ 精美 \ 豪华 \ 富丽 \ 动感 \ 轻快 \ 曲线 \ 典雅 \ 亲切 \ 清秀 \ 柔美 \ 精湛
\ 雕刻 \ 装饰 \ 镶嵌 \ 优雅 \ 品质 \ 圆润 \ 高贵 \ 温馨 \ 流动 \ 华丽 \ 浪漫 \ 精
美 \ 豪华 \ 富丽 \ 动感 \ 轻快 \ 曲线 \ 典雅 \ 亲切 \ 流动 \ 华丽 \ 浪漫 \ 精美 \ 豪
华 \ 富丽 \ 动感 \ 轻快 \ 曲线 \ 典雅 \ 亲切 \ 清秀 \ 柔美 \ 精湛 \ 雕刻 \ 装饰 \ 镶
嵌 \ 优雅 \ 品质 \ 圆润 \ 高贵 \ 温馨 \ 流动 \ 华丽 \ 浪漫 \ 精美 \ 豪华 \ 富丽
\ 动感 \ 轻快 \ 曲线 \ 典雅 \ 亲切 \ 流动 \ 华丽 \ 浪漫 \ 精美 \ 豪华 \ 富丽 \ 动
感 \ 轻快 \ 曲线 \ 典雅 \ 亲切 \ 清秀 \ 柔美 \ 精湛 \ 雕刻 \ 装饰 \ 镶嵌 \ 优雅
\ 品质 \ 圆润 \ 高贵 \ 温馨 \ 流动 \ 华丽 \ 浪漫 \ 精美 \ 豪华 \ 富丽 \ 动感 \ 轻
快 \ 曲线 \ 典雅 \ 亲切 \ 流动 \ 华丽 \ 浪漫 \ 精美 \ 豪华 \ 富丽 \ 动感 \ 轻快
\ 曲线 \ 典雅 \ 亲切 \ 清秀 \ 柔美 \ 精湛 \ 雕刻 \ 装饰 \ 镶嵌 \ 优雅 \ 品质 \ 圆
润 \ 高贵 \ 温馨 \ 流动 \ 华丽 \ 浪漫 \ 精美 \ 豪华 \ 富丽 \ 动感 \ 轻快 \ 曲线 \ 典
雅 \ 亲切 \ 流动 \ 华丽 \ 浪漫 \ 精美 \ 豪华 \ 富丽 \ 动感 \ 轻快 \ 曲线 \ 典雅
\ 亲切 \ 清秀 \ 柔美 \ 精湛 \ 雕刻 \ 装饰 \ 镶嵌 \ 优雅 \ 品质 \ 圆润 \ 高贵 \ 温
馨 \ 流动 \ 华丽 \ 浪漫 \ 精美 \ 豪华 \ 富丽 \ 动感 \ 轻快 \ 曲线 \ 典雅 \ 亲切
\ 流动 \ 华丽 \ 浪漫 \ 精美 \ 豪华 \ 富丽 \ 动感 \ 轻快 \ 曲线 \ 典雅 \ 亲切 \ 清
秀 \ 柔美 \ 精湛 \ 雕刻 \ 装饰 \ 镶嵌 \ 优雅 \ 品质 \ 圆润 \ 高贵 \ 温馨 \ 流动
\ 华丽 \ 浪漫 \ 精美 \ 豪华 \ 富丽 \ 动感 \ 轻快 \ 曲线 \ 典雅 \ 亲切 \ 流动 \ 华
丽 \ 浪漫 \ 精美 \ 豪华 \ 富丽 \ 动感 \ 轻快 \ 曲线 \ 典雅 \ 亲切 \ 清秀 \ 柔美
\ 精湛 \ 雕刻 \ 装饰 \ 镶嵌 \ 优雅 \ 品质 \ 圆润 \ 高贵 \ 温馨 \ 华丽 \ 浪漫 \ 精
美 \ 豪华 \ 富丽 \ 动感 \ 轻快 \ 曲线 \ 典雅 \ 亲切 \ 流动 \ 华丽 \ 浪漫 \ 精美
\ 豪华 \ 富丽 \ 动感 \ 轻快 \ 曲线 \ 典雅 \ 亲切 \ 清秀 \ 柔美 \ 精湛 \ 雕刻 \ 装
饰 \ 镶嵌 \ 优雅 \ 品质 \ 圆润 \ 高贵 \ 温馨 \ 流动 \ 华丽 \ 浪漫 \ 精美 \ 豪华

EUROPEAN
欧式奢华

彩绘的大理石地面使华丽的玄关更丰富饱满。

柿子树挂画以自然的富足与欧式的富丽相呼应。

色彩纷呈的花园挂画释放强烈的自然气息。

富有光泽的小阶梯展现夺目奢华的贵族气质。

黑色斑纹大理石墙面充满时尚奢华的质感。

轻复古壁灯装饰了静谧舒适又富有情调的空间。

可爱精巧的镂空图样透出清新的简欧风。

铁艺栏栅以婉转的曲线舞出清爽优雅的气质。

统一的白色大理石门框打造视觉延展的玄关走廊。

抽象彩色挂画平衡了玄关偏暗的色调。

精美镂空隔板的合理摆放兼具实用与装饰性。

欧式石柱于双面空间都增添了恢弘气势。

华丽的圆形石膏顶与大理石圆形地面图案交相呼应。

独立的电视墙兼具卧室与更衣间的分区功能。

由叶至花再至果的组合将季节之美集中呈现出来。

玄关处亦可打造奢华舒适的喝茶品酒区。

白色镂空格栅围起独立又通透明亮的简欧餐厅。

长方形水晶灯将长方形玄关也映照得富丽堂皇。

利用半边分隔墙打造开放的书房提高了整体空间利用率。

高空间上下贯通的木质镂空格栅于自然中更添壮观。

利用独立的隔板使玄关走廊与房间既区分又相连。

玄关与室内铺设一致的木地板提高整体和谐性。

精心搭配的绿植花卉使高雅的空间更添自然生气。

复古高架烛台赋予走廊同样的华贵气质。

金色镂空格栅罩上玻璃于欧式奢华间透出时尚。

内置灯光照射下的水晶帘更加晶莹剔透且华美非常。

中式与欧式元素的和谐共处使玄关充满混搭魅力。

富有层次感与饱满度的顶与灯使欧式繁复之美极致发挥。

深色复古灯的繁复与浅色空间的简约形成反差美。

一幅金黄色树形油画使走廊散发希冀之光。

华丽的欧式水晶顶灯使玄关颇有富贵的气派。

彩色油画使人于艺术美中体会广阔与安宁。

朦胧的渔夫泛舟图营造出悠哉惬意的自然氛围。

拱门与地砖设计使玄关走廊形成分区而不致空旷单调。

材质与颜色各异的抽屉使玄关有了些许活泼气质。

玄关一侧的镜面使深色空间延展而减缓压抑氛围。

做旧彩色挂毯与天然木桌呈现地道拙朴的民族风情。

青花瓷瓶为简欧玄关添入静谧安然的中国风。

一面精雕细琢的黑色镜子给人神秘古老的感觉。

抽象花鸟图大理石地砖于大气的奢华中透出自然气息。

淡绿色花鸟图与新鲜花卉虚实呼应充满田园气息。

壁画成为玄关的视觉中心。

隔断木质外框以温和的气质中和了欧式张扬的魅力。

玻璃隔断上婉转缠绕的枝叶带来自然淡雅的气息。

列于门两侧的吊灯为玄关添入了工业风的调调。

花格的隔断区分了餐厅和门厅。

大理石柱使室内外有了明显的远近感。

三面留空的隔墙使开阔的房间得以合理分区利用。

靠垫与羊毛毯为玄关增添了无尽的舒适度。

木色与白色搭配使空间温暖自然又精致优雅。

金色方格与盛放花篮使玄关充满富贵又大气的视感。

金黄色精雕圆顶与山水画金边呼应而出一派富丽堂皇。

文化砖与原木的自然气质与艺术品的真实含义相呼应。

淡黑色纱帐使简约自然的玄关区更添复古浪漫。

黄铜色镜面隔断打造亦真亦幻的延展空间。

木框做边使隔断有了简单自然的生活趣味。

有着强大储藏功能的隔断。

大地色系的地砖给人原始多样的整体感。

蓝黄色欧式皇家旗帜挂画展现高贵正统的气质。

小窗、骏马、花与木桌的组合散发自然田园气息。

优雅玄关重复串联打造圣洁庄重的玄关走廊。

轻复古造型与时尚黑白色搭使壁灯成为玄关亮点。

亮黑色与银色搭配赋予经典欧式玄关别致的时尚气质。

白色大理石柱使玄关有了恢弘庄严的气势。

银色镂空隔断与地砖图样尽展曲线曼妙之美。

欧式方桌的白银光泽反映出精致高洁的美人气质。

菱形纹大理石背景营造水波样动感自然的气氛。

做旧的钟表与土坯砖墙气质相投淳朴自然。

一幅柔韧的花枝图于走廊尽头释放清新自然的气息。

利落带有弧角的人造石台面以有序的层次叠加。

咖啡网纹大理石柱使玄关有了恢弘庄严的气势。

盛放紫花的海蓝花瓶使玄关气质富贵又充满生机。

在玄关处设置小吧台的生活惬意而自在。

挂画、工艺品与绿植自上而下将自然元素布满玄关。

将玄关装饰为潮包墙既实用又彰显不凡的生活品味。

精致又富含民族风情的挂画与摆件使玄关独具风格。

在玄关处打造储物柜也提升了空间利用率。

黑白黄组合使玄关既成熟时髦又活泼可爱。

圆边木板拼接方桌以自然可爱的气质与绿植挂画相搭。

玻璃顶将夜色引入玄关营造最天然的浪漫氛围。

添置几样沙发座椅打造舒适有品的玄关休息区。

铁艺树叶灯为田园风情的玄关增添优雅气质。

地砖圆形的彩绘图案使空间饱满丰富起来。

透过成排隔板的灯光照着玄关走廊更温馨自然。

深棕色桌台搭银色桌腿是于沉稳中透出时尚气息。

银灰色小沙发的添入使玄关有了酷炫的性格。

反光材质的运用打造光怪陆离的时尚玄关。

点缀着暖色的装饰画与摆设使玄关更富层次感。

充满自然风情的格栅搭配小木椅使人轻松舒畅。

环环相扣的金属格栅打破规整、凸显个性。

长靠背红紫色绒质沙发彰显复古气质与奢华格调。

双开门上交织的波纹形成一面雅致流畅的风景。

勾勒有白边的漆黑方桌拥有摄人心魄的深邃魔力。

相对的水晶华灯与欧式沙发使玄关饱满而充实。

桌旗、灯座与灯罩上的穗子为玄关增添柔软细密的质感。

以圆为软装基础的玄关于长形空间中雅致突出。

组合起不同风格的摆设便有了丰富灵动的玄关。

以实木柱门分区赋予玄关非同一般的贵族气派。

玻璃外边以纯净透亮的气质呼应中心的清新淡雅。

实木扇门有一种自然拙朴的欧式田园气质。

灰色中式格栅将自然韵味与现代品味融合。

金属摆设高低呼应传递出艺术的共鸣。

绿植与花卉的装点使敞亮的空间处处生机勃勃。

喇叭花顶灯于华美的空间中展现精致的自然美。

姿态优雅的欧式壁灯尽显玄关高雅古典的格调。

中式素雅花瓶因其亮眼的金属材质而显得高调特别。

白框黑底的墙面使玄关走廊简约而时尚。

彩色的装饰盘使玄关活泼可爱亦富有层次感。

大小银珠串联而成的挂饰给人圆润又起伏的时尚质感。

精致繁复的欧式化妆桌带来复古的大气与奢华。

镶一面镜子便使玄关发挥出更大的生活价值。

蓝色簇花作发的洁白少女将青春淡雅的气质带入玄关。

水晶壁灯与顶灯呼应营造浪漫复古的玄关氛围。

古老的留声机使人尽情沉浸在悠扬美好的音乐里。

绒质坐墩既美观又提升了玄关的实用性。

玄关处打造考究惬意的开放式书房提升生活品质。

美丽小镇挂画实现了空间的风格转换。

个性的红色摆设与木椅自欧式玄关中跳脱出来。

黑色现代顶灯与简欧白色空间搭配出永恒的经典。

天然的文化砖墙带来质朴自然的大地气息。

嵌入墙面的明亮窗门使空间清新分隔又自然相融。

三面木结构使玄关充斥着温暖自然的气息。

背景墙发散的金属图案带来舒展饱满的时尚感。

个性的人物素描挂画为玄关增添艺术韵味。

工业风壁灯将独特的现代感带入欧式玄关。

绽放的绿色花朵于深邃的时尚中透出清新风雅。

欧式贵女壁画散发浓浓的艺术与文化魅力。

风格迥异的彩色抽象画赋予玄关多样的艺术内涵。

丰富的插画于黄铜色花纹镜面衬托下更显雍容富贵。

玄关处的中式软装呈现出一派祥和自然的景象。

挂画和花瓶丰富的色彩搭配使玄关富有层次感。

舞动少女摆件搭“琴键”背景为玄关增添优雅动人的乐感。

黑白菱形格地砖使个性物件于雅白空间中不致突兀。

大气的圆形玄关使相连的气派空间得以平稳过渡。

PASTORAL
田园混搭

自然\舒适\温婉\内敛\悠闲\舒畅\光挺\华丽\朴实\亲切\实在\平衡\温
婉\内敛\悠闲\舒畅\光挺\华丽\ 自然\舒适\温婉\内敛\悠闲\舒畅\光
挺\华丽\朴实\亲切\实在\平衡\温婉\内敛\悠闲\舒畅\光挺\华丽\自
然\舒适\温婉\内敛\悠闲\舒畅\光挺\华丽\朴实\亲切\实在\平衡\温
婉\内敛\悠闲\舒畅\光挺\华丽\ 自然\舒适\温婉\内敛\悠闲\舒畅\光
挺\华丽\朴实\亲切\实在\平衡\温婉\内敛\悠闲\舒畅\光挺\华丽\温
婉\内敛\悠闲\舒畅\光挺\华丽\朴实\亲切\实在\平衡\温婉\内敛\悠
闲\舒畅\光挺\华丽\ 自然\舒适\温婉\内敛\悠闲\舒畅\光挺\华丽\朴
实\亲切\实在\平衡\温婉\内敛\悠闲\舒畅\光挺\华丽\自然\舒适\温
婉\内敛\悠闲\舒畅\光挺\华丽\朴实\亲切\实在\平衡\温婉\内敛\悠
闲\舒畅\光挺\华丽\ 自然\舒适\温婉\内敛\悠闲\舒畅\光挺\华丽\朴
实\亲切\实在\平衡\温婉\内敛\悠闲\舒畅\光挺\华丽\ 自然\舒适\温
婉\内敛\悠闲\舒畅\光挺\华丽\朴实\亲切\实在\平衡\温婉\内敛\悠
闲\舒畅\光挺\华丽\自然\舒适\温婉\内敛\悠闲\舒畅\光挺\华丽\朴
实\亲切\实在\平衡\温婉\内敛\悠闲\舒畅\光挺\华丽\ 自然\舒适\温
婉\内敛\悠闲\舒畅\光挺\华丽\朴实\亲切\实在\平衡\温婉\内敛\悠
闲\舒畅\光挺\华丽\温婉\内敛\悠闲\舒畅\光挺\华丽\朴实\亲切\实
在\平衡\温婉\内敛\悠闲\舒畅\光挺\华丽\ 自然\舒适\温婉\内敛\悠
闲\舒畅\光挺\华丽\朴实\亲切\实在\平衡\温婉\内敛\悠闲\舒畅\光
挺\华丽\自然\舒适\温婉\内敛\悠闲\舒畅\光挺\华丽\朴实\亲切\实
在\平衡\温婉\内敛\悠闲\舒畅\光挺\华丽\自然\舒适\温婉\内敛\悠
闲\舒畅\光挺\华丽\朴实\亲切\实在\平衡\温婉\内敛\悠闲\舒畅\光
挺\华丽\ 自然\舒适\温婉\内敛\悠闲\舒畅\光挺\华丽\朴实\亲切\实
在\平衡\温婉\内敛\悠闲\舒畅\光挺\华丽\自然\舒适\温婉\内敛\悠
闲\舒畅\光挺\华丽\朴实\亲切\实在\平衡\温婉\内敛\悠闲\舒畅\光
挺\华丽\ 自然\舒适\温婉\内敛\悠闲\舒畅\光挺\华丽\朴实\亲切\

PASTORAL
田园混搭

追求清新简约的年轻人更倾向于淡雅质朴的墙面风格，淡绿、淡粉、淡黄的浅色系壁纸，无论在餐厅、书房还是卧室，一开门间，素雅的壁纸带来一股清新的味道，给人以回归自然的迷人感觉。

小马玩偶为田园风玄关增添可爱的童趣。

鱼鳞状地板纹路充满自然的活力。

天然的木结构与淡绿色涂料共同打造清新质朴的空间。

彩色小方块为可爱清新的空间增添活泼俏皮的气质。

绿色透明玻璃花瓶于自然感中透出艺术气息。

纤细高挑的花瓶与绿植使自然感更简单清晰。

丰富的图案与色彩描绘出绚丽多姿的玄关世界。

深色木结构房顶为玄关笼罩出浓郁的自然拙朴感。

浅色木背景以清新氛围包裹炫彩的城市挂画。

饱满的绿植为田园风玄关增添实在的自然活力。

将自然的玄关打造成洗衣间也是空间的一种巧用。

天然木门搭柔黄色背景使温暖自然的感觉无限升级。

木墩天然的裂纹给人以贴近自然的亲切感。

素雅花枝挂画与真花呼应营造春意盎然的氛围。

蓝色素花挂画与摆件透出海洋般纯净清新的气息。

暖色花朵挂画释放出自然热烈的朝气。

中式柜桌深浅交错的绿色带来流动的自然光泽。

亚麻线圆盘底衬枝头小鸟体现出简单自然的生活向往。

鹿头工艺品为空间增添生动的田园风情。

黄白绿混合色地砖铺出了山川大地的天然气势。

简单优雅的壁灯为清新自然的空间增添了几分雅致。

淡蓝色墙面将房间沉浸入天然纯净的气氛中。

轻复古玻璃隔断让光与麋鹿演绎明媚自然的怀旧感。

重复的空间为长走廊打造延伸的层次感。

书柜中点缀的浓郁绿色使空间有了自然生气。

浅色调处理使欧式玄关不落俗套而更显清雅。

桌上精美的水晶艺术品为空间增添清澈透亮的气质。

强烈对比的红蓝配使空间表现出活泼时尚的个性。

彩色小方砖包裹的玄关亦是洁净动感的洗手区。

铁艺假窗与精美图案以同样的线条艺术相呼应。

以文化砖搭建拱门结构释放浓郁淳朴的乡村田野气息。

网形灯罩使灯光在墙面上映出太阳般的影子。

类似骨结构的镜框透出原始不羁的自然野性。

金黄色中式祥云隔窗蕴含吉祥富贵的寓意。

洁白花朵镂空格栅兼有自然与简约的气质。

一束甜美花束以盎然生机装饰了通连的厨房与玄关。

蓝黄相间的床品使欧式大床多了清新温暖的自然格调。

诙谐的人脸椅背使活泼自然的玄关更添趣味性。

蓝白色枝条状小窗为房间带来清爽舒适的海岸风。

蓝色的透明灯罩及瓶子体现出纯净又时尚的现代感。

为简约自然的木制隔断设计平台使其实用性增强。

蜿蜒多样的绿植于自然生机中透出优雅情调。

凹造型隔断以两面风格契合不同功能区。

略旧的黑色使中式镂空隔断更加深沉庄重。

花篮状摆桌以唯美造型营造自然氛围。

简欧玻璃窗门使房间更显整洁敞亮。

艺术挂画使深黑柱排隔断避开单调命运。

不加修饰的砖墙展现了原汁原味的生活气息。

鹿形抽象石雕将自然元素演绎出艺术张力。

原木材质与通透设计使隔断仿佛吹出阵阵清风。

金色繁华壁纸使玄关充满欧式奢华之美。

大树繁华挂画将玄关的自然田园主题凸显点明。

实木桌台以暖拥抱了水泥墙面的冷。

色彩各异的木质抽屉蕴含了大千世界的纷纭变幻。

欧式展柜上的花鸟图充满了和谐宁静的中式韵味。

木质摆架做隔断既自然统一又多变灵活。

抽屉上多变的几何体为朴素桌柜增添活泼趣味。

木平面的多处应用使天然温暖的气息无处不在。

嵌入拱门的木质矮柜为相连空间增添实用性。

凌乱的数字拼接地图为玄关带入强烈的现代感。

拉环式壁灯于规整收敛的整体中独具创意。

略旧的彩色挂毯展现了自然朴素的异域风情。

白宫挂画渲染出庄重与威严的玄关氛围。

方格窗隔断简约可爱又通透明亮。

延展的木雕以艺术气息充实舒适空间。

欧式镂空花纹隔断的繁复精致使餐厅更显优雅高洁。

盛开的白百合用纯洁高雅的气质装饰了简约玄关。

以白为主色的空间中木色更显自然托俗。

桌柜上黑白相间的菱形使玄关有了跳脱的时尚感。

竹编筐的加入使天然与拙朴极致发挥。

黄色石膏墙为玄关带入阳光般温暖自然的气质。

水泥墙面与绿植搭配还原生活最实在的面貌。

优雅的烛台使原始古老的韵味充满玄关。

深灰色创意桌台与挂画透出清简安宁的生活意蕴。

桌柜上的网格为雅致的玄关增添现代时尚感。

大理石拼花图案让玄关空间变得更加气势恢宏。

里外石膏结构相呼应营造出隆重的层次感。

光滑流畅的欧式拱门线条使玄关更具奢华质感。

金色鱼鳞状反光壁纸使玄关散发耀眼夺目的光芒。

均匀间隔的宽木板打造林中观景的既视感。

串联的圆环挂饰将艺术感充斥展示墙。

银色的花样为中式隔断嵌入时尚质感。

精致的城堡工艺品散发充满贵族气息的艺术魅力。

活灵活现的孔雀使华贵的玄关更显优雅迷人。

欧式的奢华大气与中式的古典自然完美融合。

以优雅白为传统家具上色使现代与古典碰撞出和谐火花。

欧式繁花地毯为玄关添入舒适柔软的质感。

立柜光影变幻的中间区打破了平淡无奇的玄关风格。

小空间的玄关成为通往各个方向的纽带。

可爱精巧的工艺品将摆架隔断装饰得颇有艺术情趣。

一排整齐纤细的吊灯为上层空间制造分化美感。

椭圆形吊顶与地砖图案相呼应使玄关有了圆滑的轮廓。

半透明花纹中式折叠屏风既古典又浪漫。

盆栽挂画与盆栽虚实呼应带来浓郁的自然气息。

舒适与古典相结合的桌椅打造经典时尚的休闲区。

鹿角烛灯、原木大桌与盆栽极致搭配出原始自然的生活情调。

圆镜外围大小不一的圆圈使玄关充满活泼动感。

旧木色隔断与桃红色柜子演绎出和谐的碰撞美。

青绿或泛黄的地砖带给人鲜草泥土般的清新舒爽感。

艳丽的油画为黑白空间注入艺术的热情与活力。

以明净玻璃做一半隔断打造半遮半掩的时尚风格。

妙趣横生的工艺品使梯形格架充满天真童趣。

将时尚花瓶融入梦幻背景，浪漫而自然惹人流连。

原木书架隔断的温暖自然与沙发的体贴舒适相呼应。

斑斓艳丽的色彩搭配使玄关充满异域风情。

风景挂画为古典深沉的玄关带来一股清新风气。

浅木色极简电视墙透出平淡是真的生活韵味。

精致风景挂画为墙面增添华丽质感与自然气息。

夸张的鸟笼般顶灯展现浓郁另类的自然风情。

素色花鸟壁纸与旧金色欧式壁灯混搭出古典自然的别样风情。

一盆洁白的花束没有艳丽外衣却更显圣洁清雅。

大气的展示架使玄关气势恢弘、底蕴深厚。

个性的摆件组合有一种充满未来感的科幻格调。

单调的墙面与丰富的地板形成有趣的对比。

银色竹节树用另类手法体现出时尚与自然的融合美。

弧面隔断更衬托出极光挂画的梦幻与壮丽。

垛堞多样的钢花以硬朗的身姿演绎甜美的共舞。

将数码纹理与荧光彩色相搭的时尚挂画绚丽而迷幻。

天然竹帘与石墙搭配体现出浓郁的田园风情。

MODERN

现代潮流

创造\实用\空间\简洁\前卫\装饰\艺术\混合\叠加\错位\裂变\解构\新
潮\低调\构造\工艺\功能\创造\实用\空间\简洁\前卫\装饰\艺术\混
合\叠加\错位\裂变\解构\新潮\低调\构造\工艺\功能\简洁\前卫\装
饰\艺术\混合\叠加\错位\裂变\解构\新潮\低调\构造\工艺\功能\创
造\实用\空间\简洁\前卫\装饰\艺术\混合\叠加\错位\裂变\解构\新
潮\低调\构造\工艺\功能\创造\实用\空间\简洁\前卫\装饰\艺术\混
合\叠加\错位\裂变\解构\新潮\低调\构造\工艺\功能\创造\实用\空
间\简洁\前卫\装饰\艺术\混合\叠加\错位\裂变\解构\新潮\低调\构
造\工艺\功能\简洁\前卫\装饰\艺术\混合\叠加\错位\裂变\解构\新
潮\低调\构造\工艺\功能\创造\实用\空间\简洁\前卫\装饰\艺术\混
合\叠加\错位\裂变\解构\新潮\低调\构造\工艺\功能\创造\实用\空
间\简洁\前卫\装饰\艺术\混合\叠加\错位\裂变\解构\新潮\低调\构
造\工艺\功能\创造\实用\空间\简洁\前卫\装饰\艺术\混合\叠加\错
位\裂变\解构\新潮\低调\构造\工艺\功能\简洁\前卫\装饰\艺术\混
合\叠加\错位\裂变\解构\新潮\低调\构造\工艺\功能\创造\实用\空
间\简洁\前卫\装饰\艺术\混合\叠加\错位\裂变\解构\新潮\低调\构
造\工艺\功能\创造\实用\空间\简洁\前卫\装饰\艺术\混合\叠加\错
位\裂变\解构\新潮\低调\构造\工艺\功能\创造\实用\空间\简洁\前
卫\装饰\艺术\混合\叠加\错位\裂变\解构\新潮\低调\构造\工艺\功
能\简洁\前卫\装饰\艺术\混合\叠加\错位\裂变\解构\新潮\低调\构
造\工艺\功能\创造\实用\空间\简洁\前卫\装饰\艺术\混合\叠加\错
位\裂变\解构\新潮\低调\构造\工艺\功能\创造\实用\空间\简洁\前
卫\装饰\艺术\混合\叠加\错位\裂变\解构\新潮\低调\构造\工艺\功
能\创造\实用\空间\简洁\前卫\装饰\艺术\混合\叠加\错位\裂变\解
构\新潮\低调\构造\工艺\功能\简洁\前卫\装饰\艺术\混合\叠加\错
位\裂变\解构\新潮\低调\构造\工艺\功能\创造\实用\空间\简洁\前卫

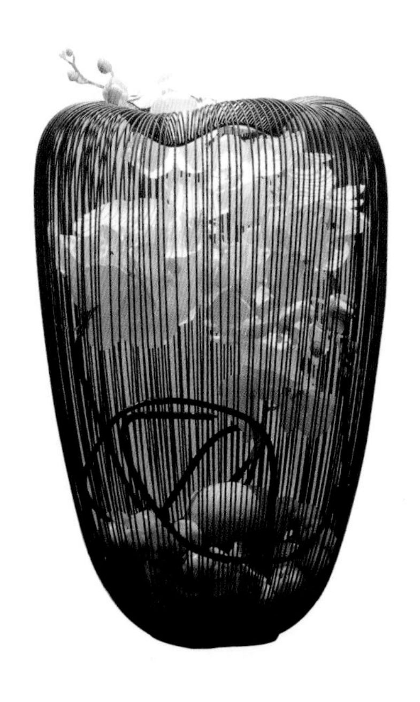

MODERN
现代潮流

不同遮挡度的板块拼接出简约又灵动的通透隔断。

以摆架做隔断既有装饰性又富实用性。

隔断上凹凸的十字赋予其另类的艺术感。

大幅抽象挂画为简约玄关增添艺术魅力。

墙面上内含色块的潦草网格彰显活泼随意的玄关个性。

时尚小吧台使玄关变作惬意的休息区。

葱郁的绿植为线条感十足的艺术空间带来饱满度。

工业灰使中式隔断也穿上了酷酷的现代外衣。

圆孔处的黑色涂鸦是隔断上最简单的艺术。

深浅不一的木色抽屉打造时尚的自然组合。

僧侣泥人具象体现出中式玄关的浓浓禅意。

地毯上嵌套的方形使空间极具现代层次感。

凸出的图钉挂件以艺术形式表现现代生活的琐碎。

散开的蝴蝶挂件打造自然灵动的唯美意境。

树藤般的顶灯是艺术想象力集中体现的闪光点。

一幅书法字使玄关充满深厚稳练的文化气息。

烛灯与顶灯相补充照亮了简约素雅的玄关。

内嵌孔雀羽毛的半透明玻璃奢华时尚而不失优雅自然。

玄关处内嵌一书柜使其赏心悦目又经济实用。

木格栅使空间自然连通、视野开阔舒畅。

书架隔断简约新颖的造型时尚又充满变幻。

抽象挂画搭配陶瓷造型营造浓厚的艺术氛围。

时尚的窄隔断凸出个性又不过分张扬。

中式隔断既通透又散发出宁静和谐的传统风韵。

形态利落的绿植与干净简约的玄关风格相呼应。

金色几何框以活泼姿态装饰了规整简约的网格。

贯通的竖条隔断使上下空间有了相连感。

透明玻璃为素雅隔断增添窗明几净的舒适感。

黑白色的简单搭配诠释了经典的现代风格。

木质书架隔断与温暖自然的室内环境融为一体。

玄关处明亮的大镜面打造虚实结合的宽广空间。

风帆造型隔断将随性洒脱的个性尽显无疑。

金属材质使网隔断的柔软感中也带了些许硬朗气质。

木材质与黑色大理石材质混搭使书架时尚又天然。

璀璨奢华的材质和设计使隔断也格外令人瞩目。

嵌有欧式花样的中式屏风尽展中西合璧之和谐美。

空隙中高低错落的小木段组合出抽象大气的时尚图案。

隔断上剪影般的树干与枝叶使艺术与自然浑然一体化。

玄关镜面使延展的空间更具对称美。

黄铜色的金属框架展现流光溢彩的时尚魅力。

中式隔断为现代房间带去一股和谐的中国风。

靓丽的光带使玄关有了流畅绚丽的现代感。

摆架内的简柜提升了隔断的收纳功能。

转角处流转的光线区虽小却将潮流感尽情散射出来。

利用隔断打造洁白简约的书柜一举两得。

迷宫式的隔断图案展现了有趣又变幻的线条美。

充满纹路感的拼接图案展现光影交错的视觉变幻。

时尚高端的大理石隔断此时更有一种敦实可爱的气质。

舒适个性的沙发茶几使玄关变作惬意休息区。

文化砖墙上变幻的色彩为质朴的隔断增添时尚感。

大镜面做隔断大气美观又明亮了空间。

深灰柜子作隔断使空间布局更优化亦凸显时尚。

原木与玻璃的组合体现了自然清新的格调。

黑色玻璃隔断有一种时尚诱人的气质。

连接桌面的玻璃隔断一面是装饰一面做支撑。

镜面设计拓展了玄关处的视线范围。

摆件上展示的彩色皮包凸显主人高端时尚的品味。

虚实错落的组合打造凌而不乱的画面感。

玻璃上隐现的图案起到了视线部分阻隔的作用。

矮墙于在不打破整体统一的前提下明确了分区。

通透的网格与书使人沉溺于清爽安然的阅读时光。

写有艺术字的黑色反光面是形式与内容对个性的统一表达。

书柜设计使窄长的玄关不致封闭又充满书香气。

深木色方框中的火焰图将室内温度直线提升。

立体感十足的墙面和房顶使玄关结构丰富起来。

简单的搁物架给人更多随心装饰的空间。

抽象美人搭酷炫跑车自时尚中迸发无敌青春。

环绕式的设计使自然风格更加灵动大气。

大理石的铺设使极简玄关多了一种低调的奢华感。

木质中式大门做隔断尽显庄严稳练的气派。

明亮简约的窗门遮不住一片生机盎然的阳台。

宽窄不一的木段组合成一面时尚又朴素的小隔断。

玻璃橱窗式隔断散发都市时尚繁华的魅力。

黑黄色花朵突出展示了多样的形态与繁复的手工。

办公柜式隔断自带一种严谨利落的风范。

自然生动的艺术摆件充实了平淡无奇的大窗。

略窄的隔断艺术装饰性远大于分区功能。

大理石上平直模糊的黑色横纹带来奇特的高速穿梭感。

隔断区分空间又将空间融为一体。

树影图画为玄感营造神秘幽静的自然氛围。

电视柜另一面做置物架既美观又实用。

鱼缸的嵌入使玄关也成为了慢生活的落脚点。

贴墙而立的窄柜使宽走廊充实丰富起来。

嫩黄色的坐墩此处更是一种舒适型装饰物。

电视柜玄关表达了现代生活的全新理念。

地砖中间区以队列式方形图案打造幽深的玄关走廊。

简易的顶灯不给狭窄的玄关走廊添置累赘感。

百叶窗式的透气隔断减弱小空间的压抑感。

简单光源下的深黑色玄关透出神秘而冷酷的气质。

一面墙与房顶上的镜面将玄关变作奇异的万花筒。

包裹在洁白里的玄关有一种神圣的仪式感。

深木色门框的点缀为玄关增添自然的暖意。

书架隔断搭一套桌椅使空余空间升级舒适阅读区。

深红色中式挂件的混搭点缀充满时尚感。

金边挂画与灰蓝色的墙面搭配感十足。

多种光源的组合合奏出明亮的艺术乐章。

风景盆栽为玄关带入古色古香的意境。

扇形排列的原木板散发舒适通畅的时尚气息。

金色与黑色的强烈碰撞实现了奢华与庄重的统一。

简易隔断使开阔的空间有了功能区分。

铆钉黑墙柜提升玄关实用性的同时更具潮范。

灰色调风景挂画充满随心而动的艺术深意。

错落有致的空隙使深色隔断略显轻松。

个性的展柜向双面空间释放专属的时尚感。

清淡的方格壁纸与木边框有一种朴素自然的田园风情。

镜面隔断给人新颖奇特的视觉体验。

大方的酒柜于空间连接处展示出高雅的生活品质。

华美的水晶灯是木色玄关中的一大亮点。

白色栏栅搭界限分明的地板使分区简单而直观。

长口锥形瓶在自然光的照射下更具艺术美。

大象挂画为玄关增添粗旷原始的自然风格。

银色银杏叶是自然风玄关中灵动曼妙的艺术点缀。

在玄关处打造壁炉透出浓郁的欧式风情。

彩色的小坐墩为优雅现代的空间增添活泼气质。

青花瓷正中摆设彰显和谐儒雅的传统魅力。

柔和的圆形光区将花枝衬托出宁静美好的状态。

简约多彩的小凳使玄关干净而有趣。

极简的中式摆桌将传统与现代无缝对接。

工艺品黑色的外在与木门的黑边框相呼应。

搭高平面使玄关也有了功能分区。

并排的宽木板有种天然的呆萌气质。

摆满绿植的隔断注入一室的生机活力。

严谨的搭配凝聚起庄重典雅的玄关风格。

洁白的花束于现代时尚的小环境中优雅绽放。

玄关尽头的弥勒佛使整个玄关走廊充满禅意。

饱含艺术气息的摆架为卧房空间分出主次。

漆黑圆盘搭透光箱制造“头重脚轻”的奇特感。

简约的玄关布置在绿植衬托下散发静的味道。

一体化的展柜与桌台诠释了充满效率的时尚。

隔断简约冷静的气质与客厅风格不谋而合。

与榻榻米相连的书架隔断也摒除复杂设计透出自在感。

延伸的开放式书架使角落空间也有了些独立性。

中式木框架营造出古风古韵的玄关氛围。

青绿色花瓷与素雅桌旗为深沉的玄关注入自然活力。

厚重感十足的背景更衬白色镂空工艺品轻巧可爱。

造型独特的工艺品为玄关增添浓郁的艺术气息。

通向天台的玄关借他景装饰出明媚自然的气质。

充满禅意的木质软装与观音挂画相呼应。

橘子黄的搭配使现代风玄关也多了些许清新。

串联的圆环挂饰将艺术感充斥展示墙。

挂画中浓烈的绿色冲淡了欧式玄关淡淡的奢靡。

艳丽的花束生机盎然，搭配精致的花瓶富贵十足。